I0072509

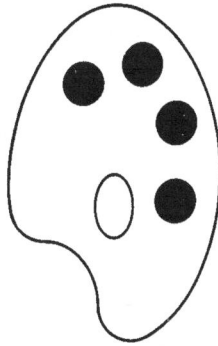

Original en couleur
NF Z 43-120-8

AFFÛTS

CUIRASSÉS.

ATLAS.

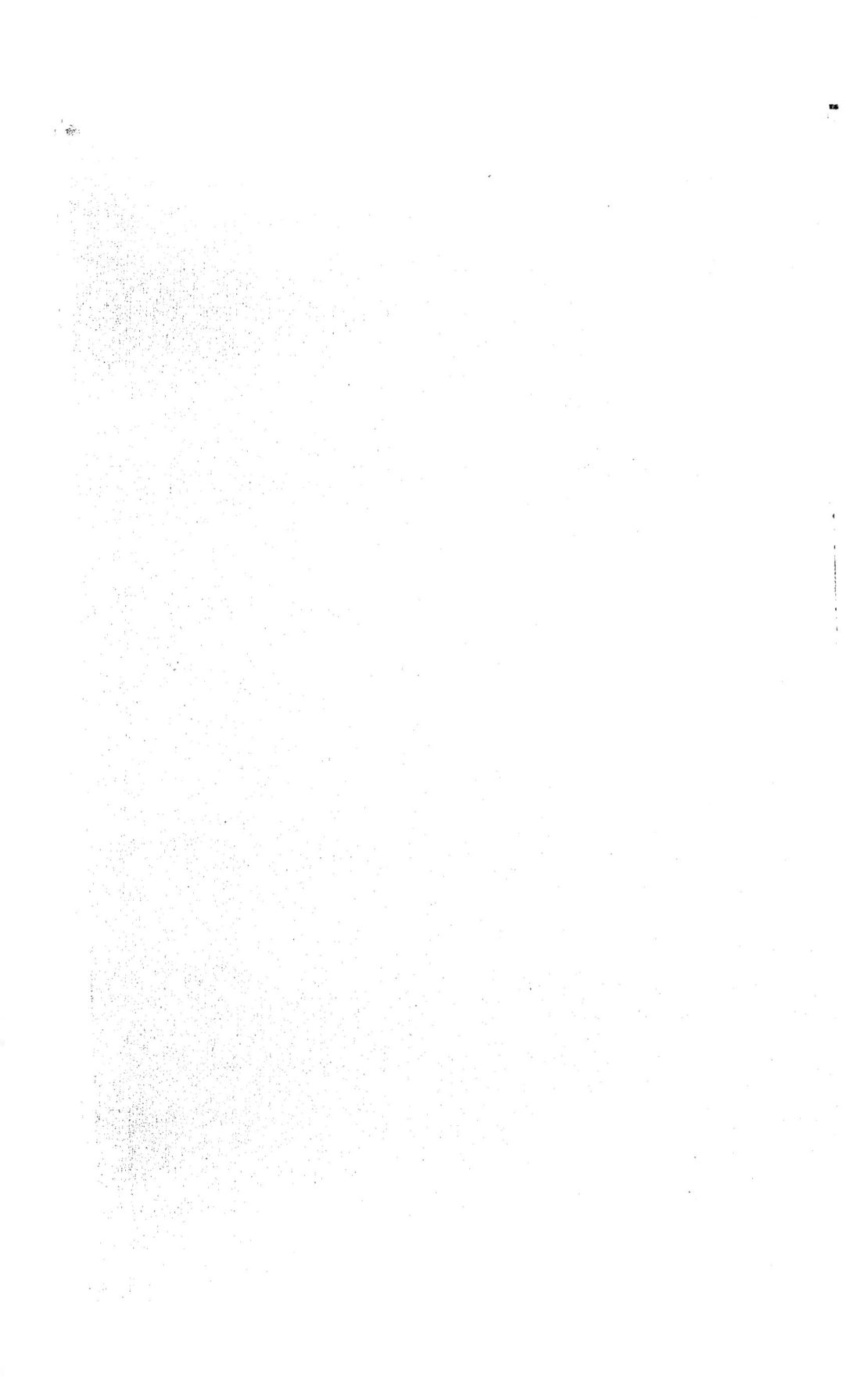

S. V.
1702

L'importance des cuirasses à rotation

„Affûts cuirassés tournants"

en vue d'une réforme radicale de la fortification permanente

p a r

Schumann

Major e. r. du Génie prussien.

ATLAS

XXIII PLANCHES.

L'Etablissement H. Gruson à Buckau se réserve tous les droits sur les constructions contenues dans cet atlas.

Potsdam 1885.

„Militaria" Verlagsbuchhandlung für Militär-Literatur

(G. v. Glasenapp.)

Imprimerie lithographique de Wætter Ochs & Cie. à Magdebourg.

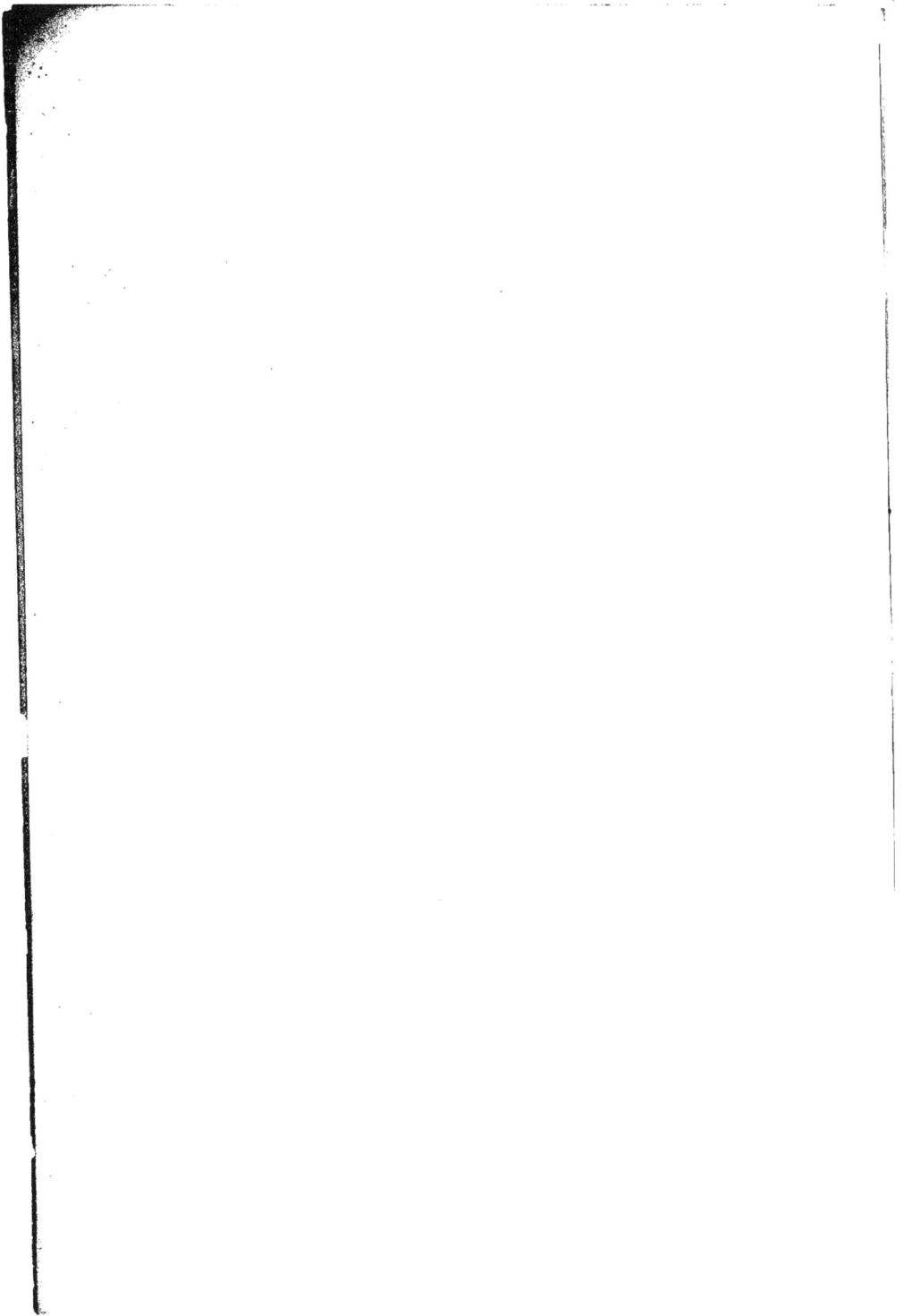

Table de matières pour l'Atlas.

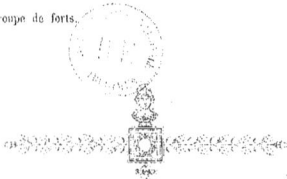

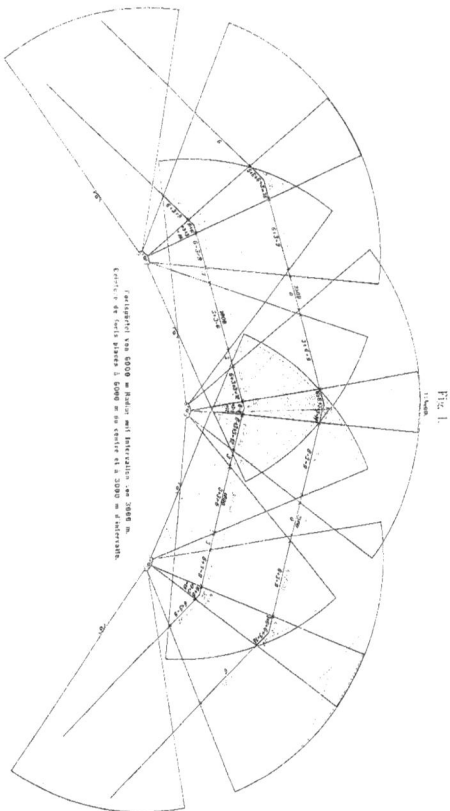

Fig. 1.

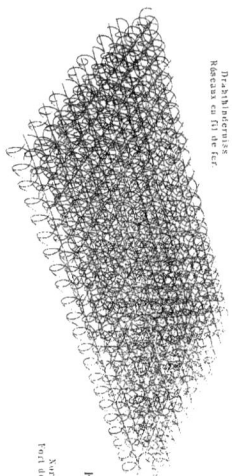

Fig. 2.
Normal-Fort.
Fort de tracé-type

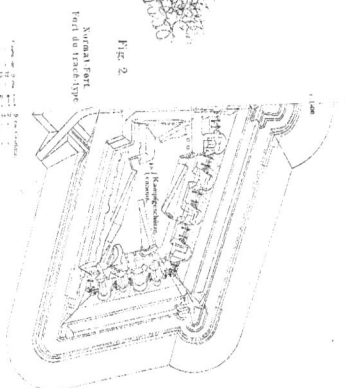

Fig. 3.
Drahthindernisse
Rideaux en fil de fer

Fig. 4.
Kofbombe.
Grenade à main.

Affût cuirassé d'essai pour un canon fretté de 15 cm,

expérimenté à Cummersdorf,

construit d'après le projet du major Schumann.

Versuchs-Bau einer Panzerlaffete für ein 15 cm Ring-Rohr,

ausgeführt auf dem Cummersdorfer Schiessplatze

nach dem Vorschlag des Major A. D. Schumann.

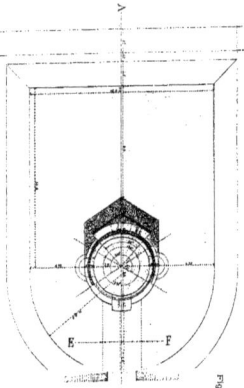

Fig. 6 { Allgemeiner Grundriss.
Plan d'ensemble.

Fig. 2 Profil A–B (de fig. 6.)

Fig. 4 { Grundriss des Mauerbaues in der Linie C–H der Fig. 2 gezeichnet.
Coupe horizontale dans la maçonnerie suivant G–H d. f. fig. 2.

Fig. 5 Profil E–F (de fig. 6.)

Fig. 3 { Ansicht.
Élévation } C–D (de fig. 6.)

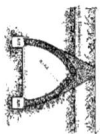

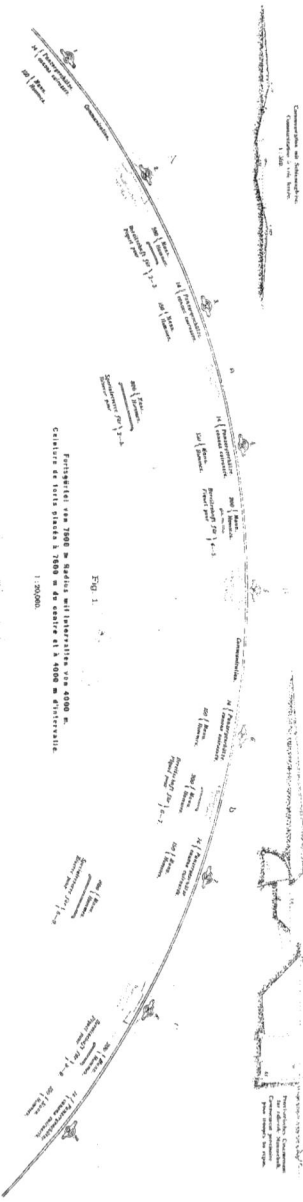

Fig. 1.

1: 20,000.

Affût cuirassé d'essai pour un canon fretté de 15 cm,

expérimenté à Cummersdorf,

construit d'après le projet du major Schumann.

Versuchs-Bau einer Panzerlaffete für ein 15 cm Ring-Rohr,

ausgeführt auf dem Cummersdorfer Schiessplatze

nach dem Vorschlag des Major a. D. Schumann.

Fig. 1 $\begin{cases} \text{Grundriss.} \\ \text{Plan.} \end{cases}$

Fig. 2 $\begin{cases} \text{Ansicht von oben.} \\ \text{Vue de dessus.} \end{cases}$

Bemerkung.

Remarque.

1:50

Affût cuirassé d'essai pour un canon fretté de 15 cm,

expérimenté à Cummersdorf,

construit d'après le projet du major Schumann.

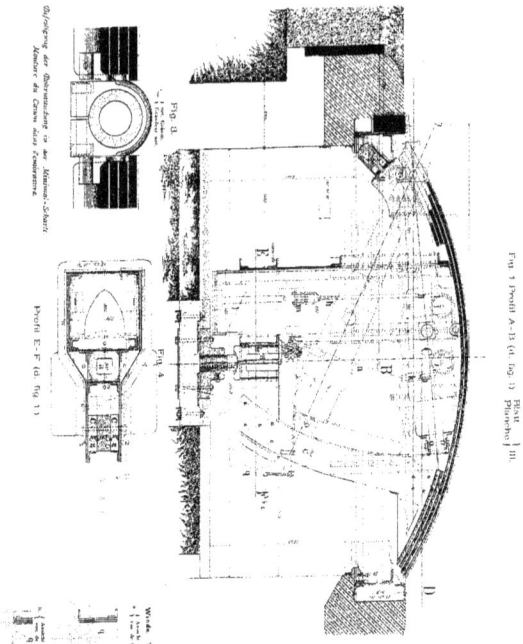

Fig. 1 Profil A–B (d. fig. 3)
Blatt Planche) III.

Fig. 3

Profil E–F (d. fig. 1)
Fig. 4

Versuchs-Bau einer Panzerlaffete für ein 15 cm Ring-Rohr,

ausgeführt auf dem Cummersdorfer Schiessplatze

nach dem Vorschlag des Majors a. D. Schumann.

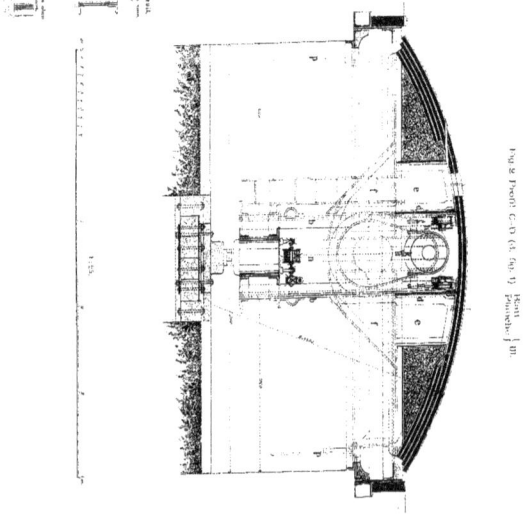

Fig. 2 Profil C–D (d. fig. 1)
Blatt Planche) III.

Wirk. Treil.

BLATT IV.

PLANCHE V.

Affût cuirassé pour un canon fretté de 15 cm.

H. GRUSON

Panzerlaffete für ein 15 cm Ring-Rohr.

BLATT V.

Fig. 1.

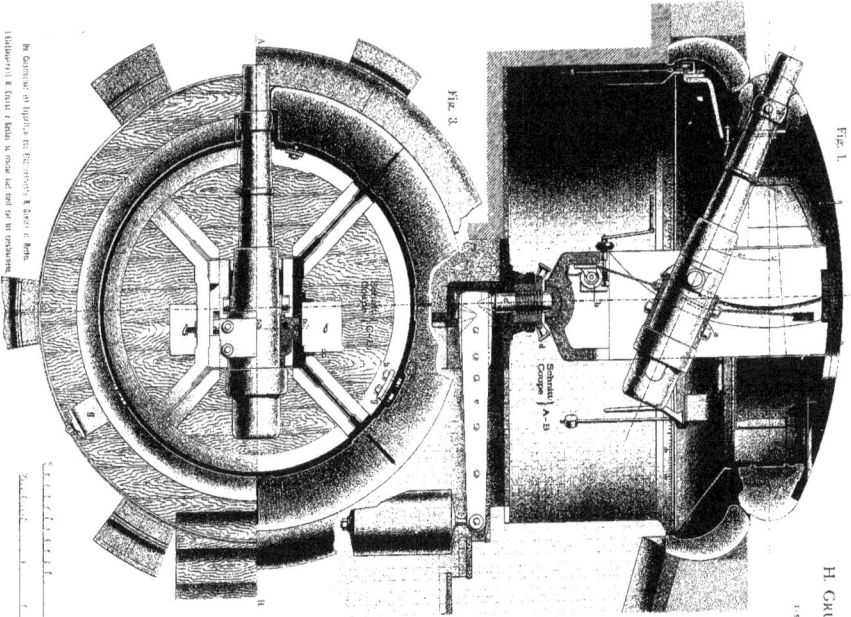

Fig. 3.

Schnitt
Coupe } A–B

Fig. 2.

Schnitt
Coupe } E–F G–H

Fig. 4.

Affût cuirassé pour deux canons frettés de 15 cm.

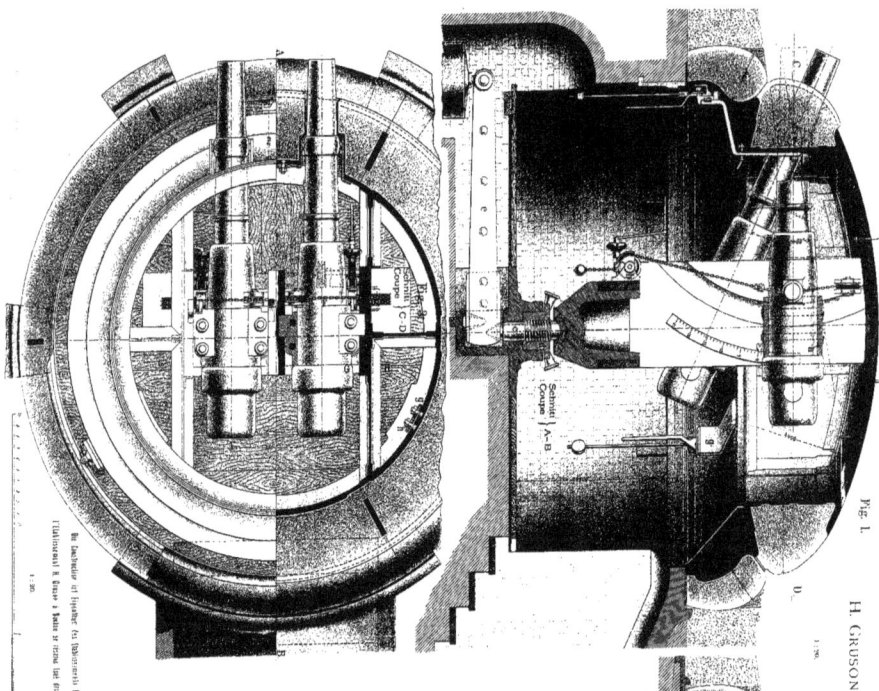

H. GRUSON

Fig. 1.

Fig. 2.

Panzerlaffete für zwei 15 cm Ring-Rohre.

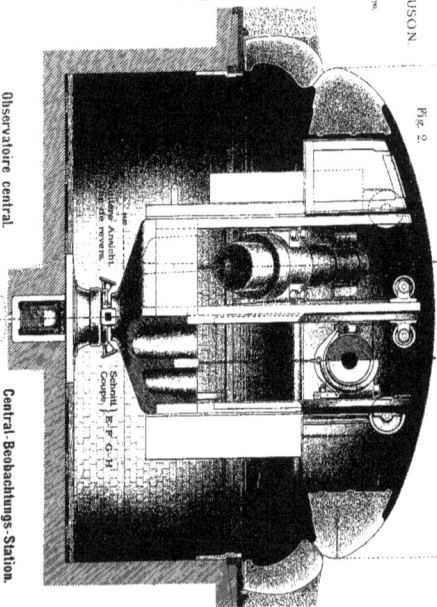

Schnitt Coupe A-B

Schnitt Coupe C-D

Seiten-Ansicht Coupe de revers.

Schnitt E-F G-H Coupe

Fig. 4.

Observatoire central.

Central-Beobachtungs-Station.

Fig. 1.
Schnitt Coupe A.B.

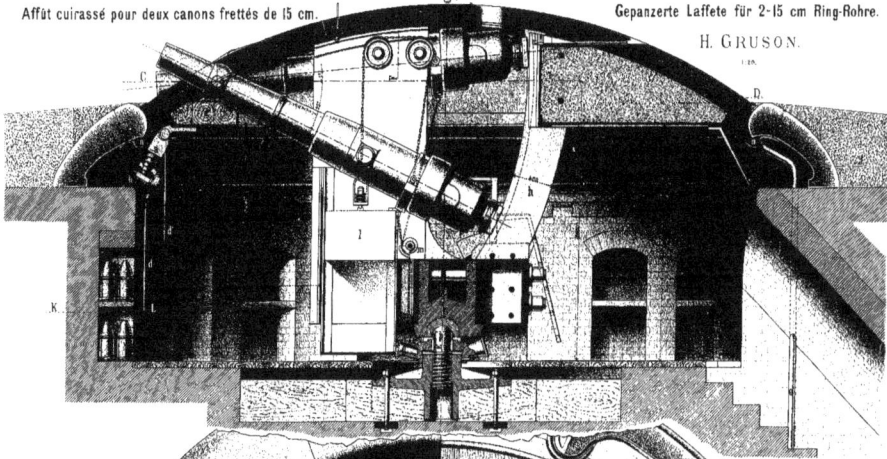

Fig. 2
Schnitt Coupe H.J.

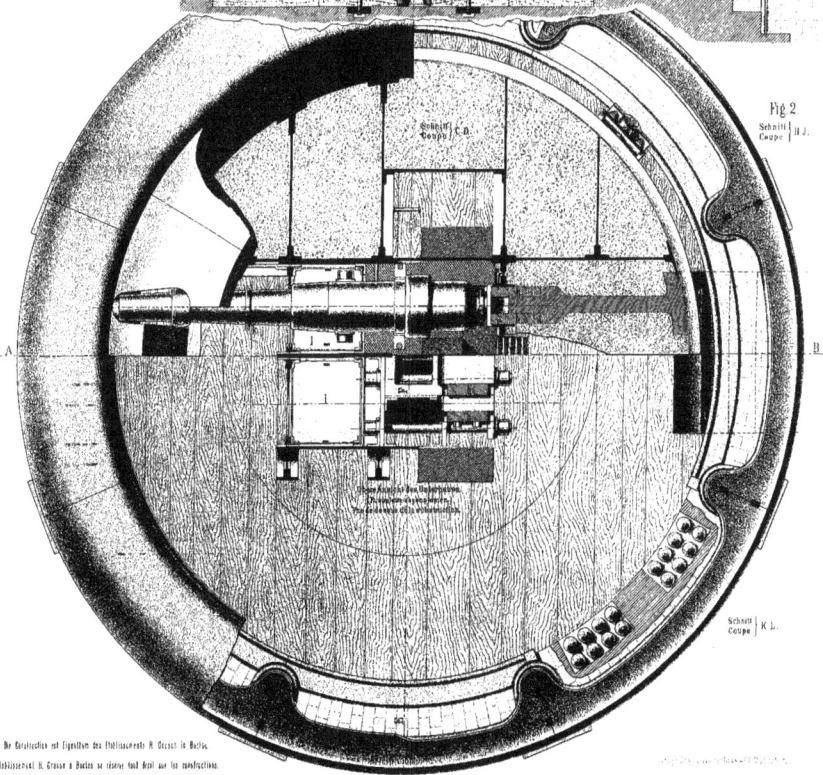

Schnitt Coupe C.D.

Schnitt Coupe K.L.

Die Construction ist Eigenthum des Etablissements H. Gruson in Buckau.

L'Etablissement H. Gruson à Buckau se réserve tout droit sur les constructions.

PLANCHE VIII.

Affût cuirassé pour deux canons frettés de I5 cm.

Schnitt | Coupe } E F G

Fig. 3.

Hintere Ansicht. Vue de derrière.

BLATT VIII.

Gepanzerte Laffete für 2-15 cm Ring-Rohre.

H. GRUSON.

1:20.

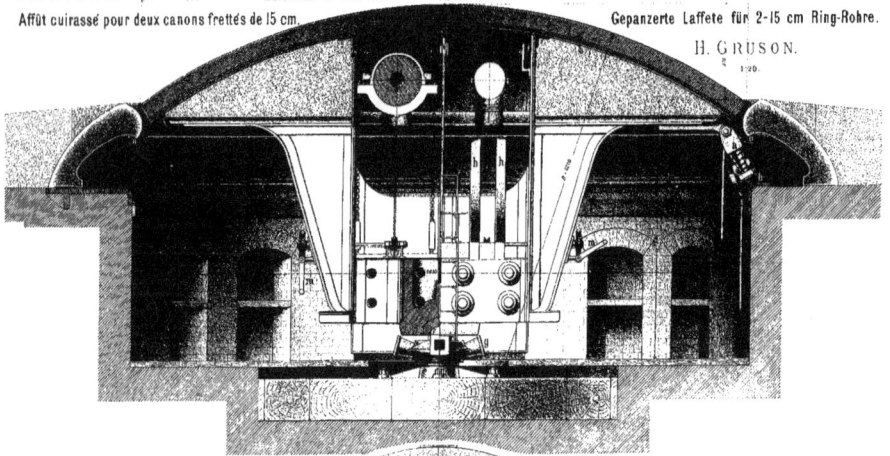

Fig. 4.

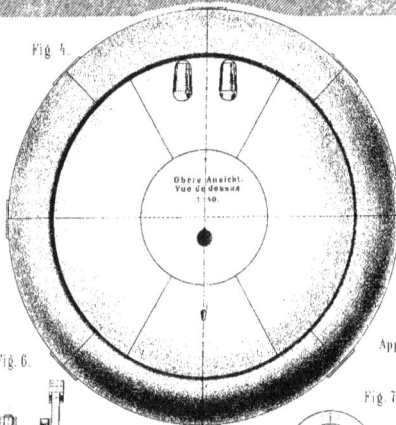

Obere Ansicht. Vue de dessus. 1:40.

De Cornelius et imprimé de Hofbuchdr. L. Lowe à Berlin.

Arretirvorrichtung. Appareil d'arrêt pour fixer le canon.

Fig. 5.   Fig. 6.

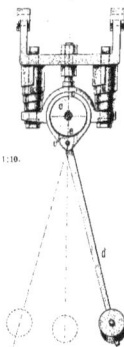

1:10.

Fig. 7.

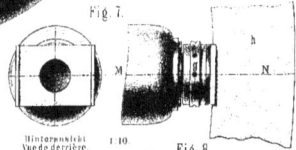

M

h

N

Hinterenansicht Vue de derrière. 1:10.

Fig. 8.

Schnitt Coupe suivant } M N.

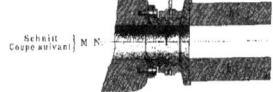

1:10.

1:20.

1:40.

Fig. 1.

Affût cuirassé pour quatre canons frettés de 15 cm.   Schnitt / Coupe } A-B C-D   **Panzerlaffete für vier 15 cm Ring-Rohre.**

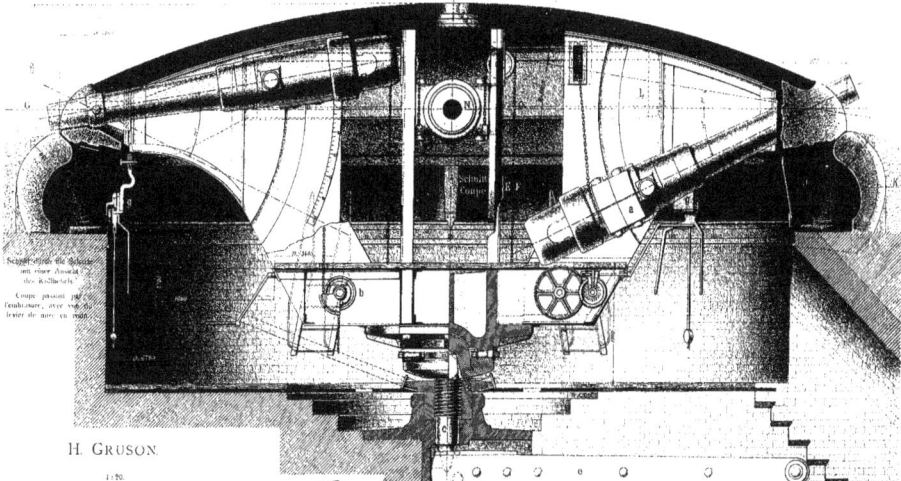

H. GRUSON.

Fig. 2.

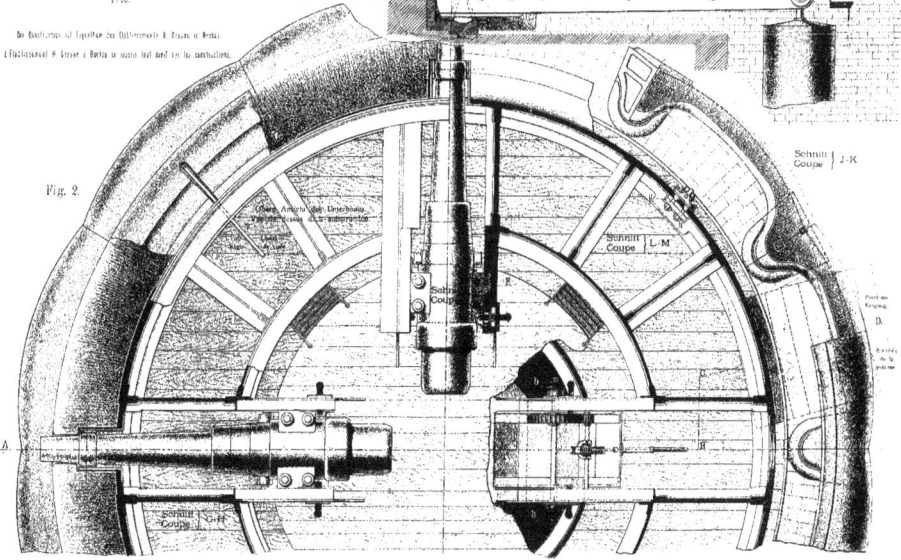

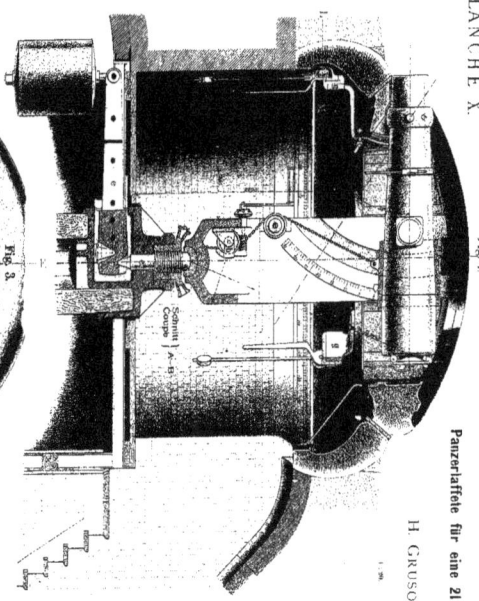

Fig. 1

Panzerlaffete für eine 21 cm Haubitze.

H. GRUSON

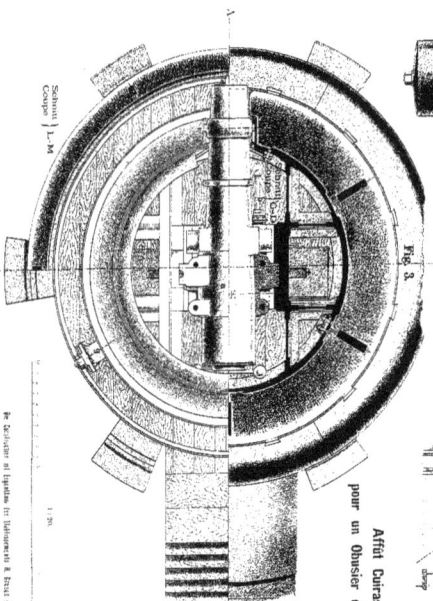

Fig. 3

Affût Cuirassé

pour un Obusier de 21 cm.

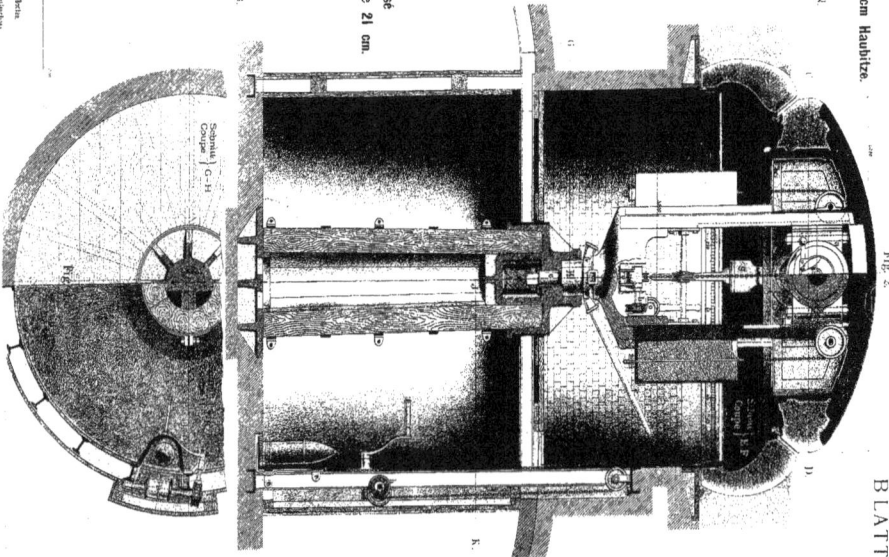

Fig. 2

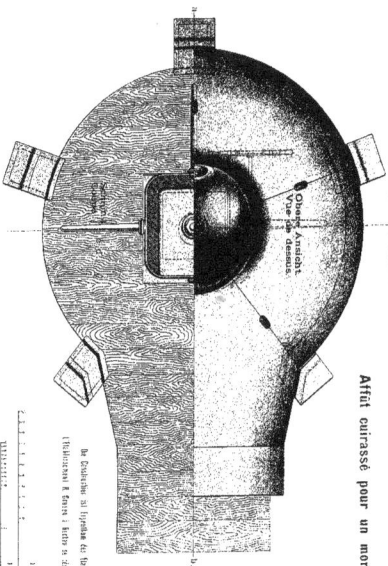

Oben. Ansicht.
Vue de dessus.

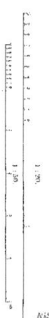

1:20.
1:50.
1:100.

Die Uebersetzung des Brigaden des Uebersetzung is in Meters de Breite.
(Maßstäbe sind 1 Meter is keine in Meter Teil Teil für die Installation.)

Affût cuirassé pour un mortier de 21 cm.

H. GRUSON

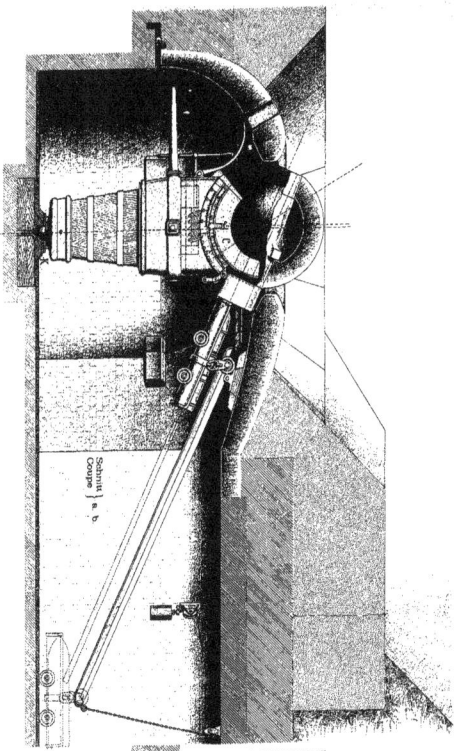

Schnitt }
Coupe } a. b.

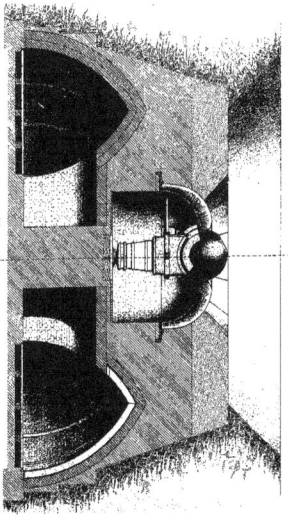

Situation.
Vue d'ensemble.

1:50.

Panzerlaffete für einen 21 cm Mörser.

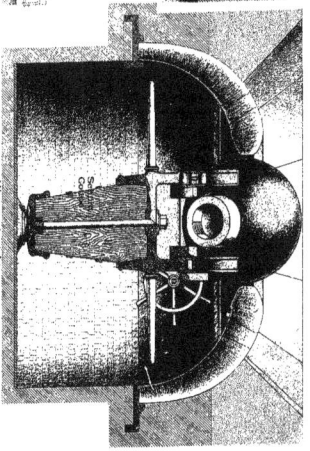

Hintere Ansicht.
Vue de derrière.

Küsten-Mörserbatterie
für 4-21 cm Mörserrohre.

H. GRUSON.

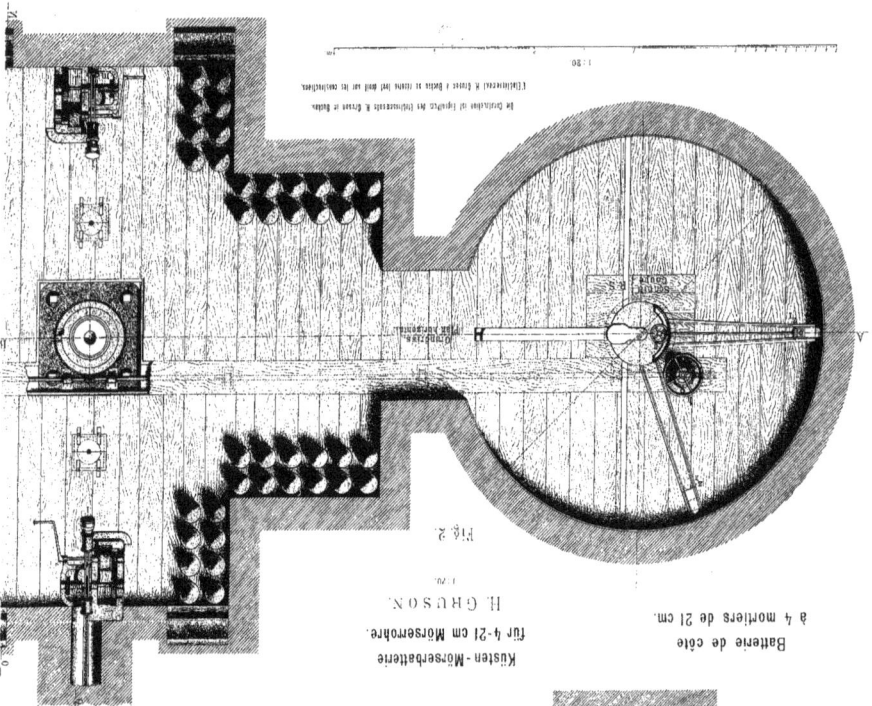

Batterie de côté
à 4 mortiers de 21 cm.

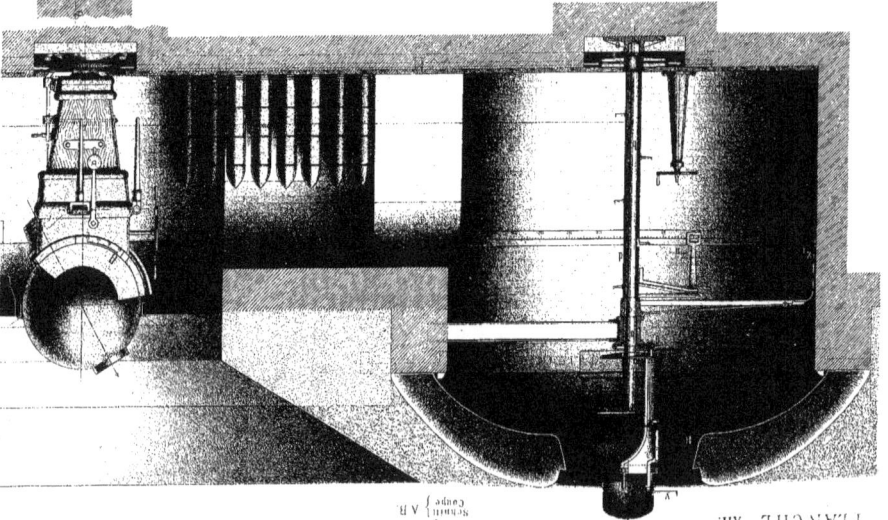

Fig. 2.

Fig. 1. Schnitt Coupe } A B

1:80

Batterie de côte
à 4 mortiers de 21 cm.

Fig. 3.
Schnitt | N O P Q.
Coupe |

Küsten-Mörserbatterie
für 4-21 cm Mörserrohre.
H. GRUSON.

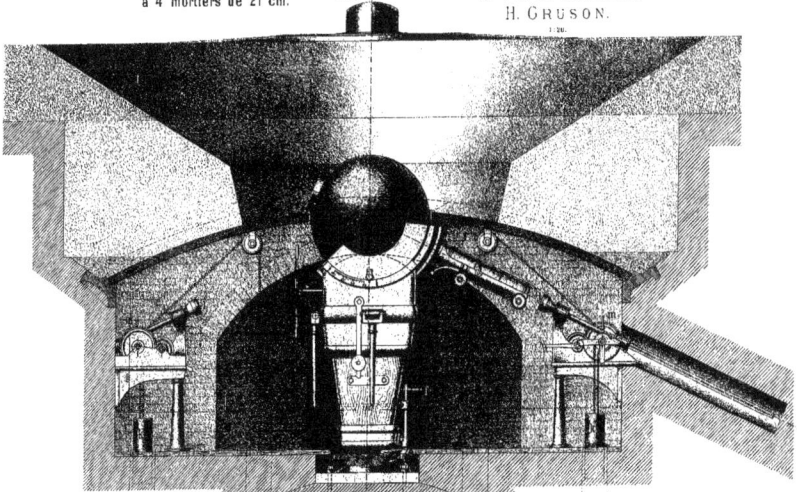

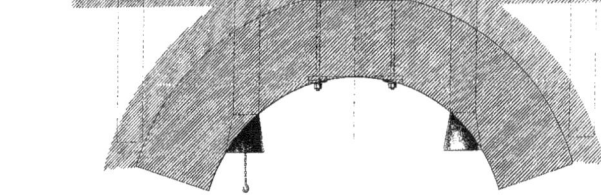

Schnitt | L M.
Coupe |

Schnitt | I K.
Coupe |

Schnitt | E F.
Coupe |

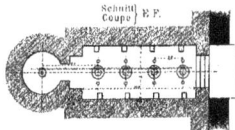

Schnitt | G H.
Coupe |

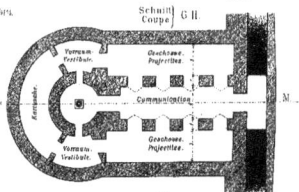

Mauerplan in ½00 der nat. Grösse.

Plan de maçonnerie.
Echelle ½00.

PLANCHE XIV. BLATT XIV.

Affût cuirassé pour un Canon-Revolver de 53 mm. **Panzerlaffete für eine 53 mm Revolverkanone.**

H. GRUSON.

Fig. 1.

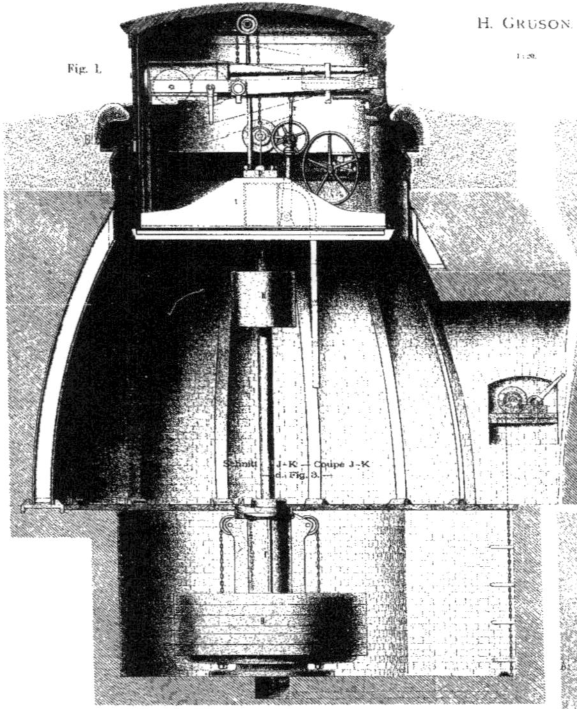

1 : 20.

Fig. 2.

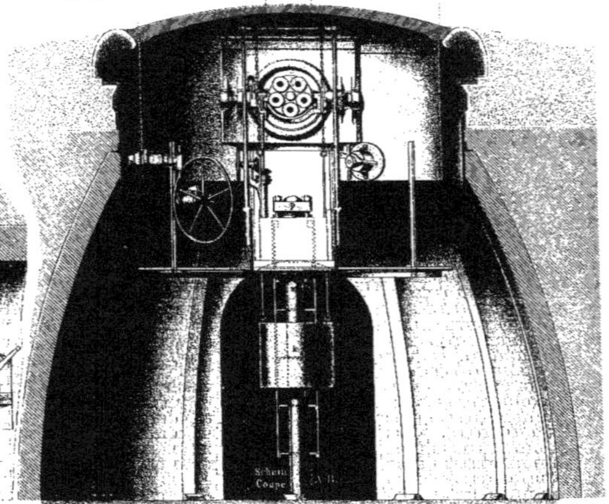

Fig. 3.

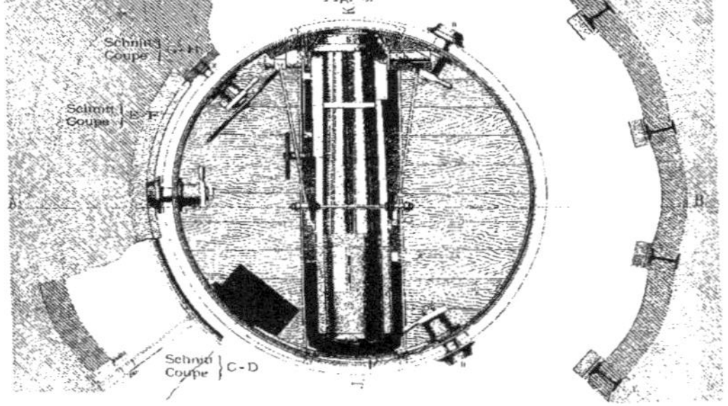

Die Construction ist Eigenthum des Etablissements H. Gruson in Buckau.
L'Établissement H. Gruson à Buckau se réserve tout droit sur les constructions.

Affût cuirassé pour un Canon-Revolver de 37 mm. **Panzerlaffete für eine 37 mm Revolverkanone.**

H. GRUSON

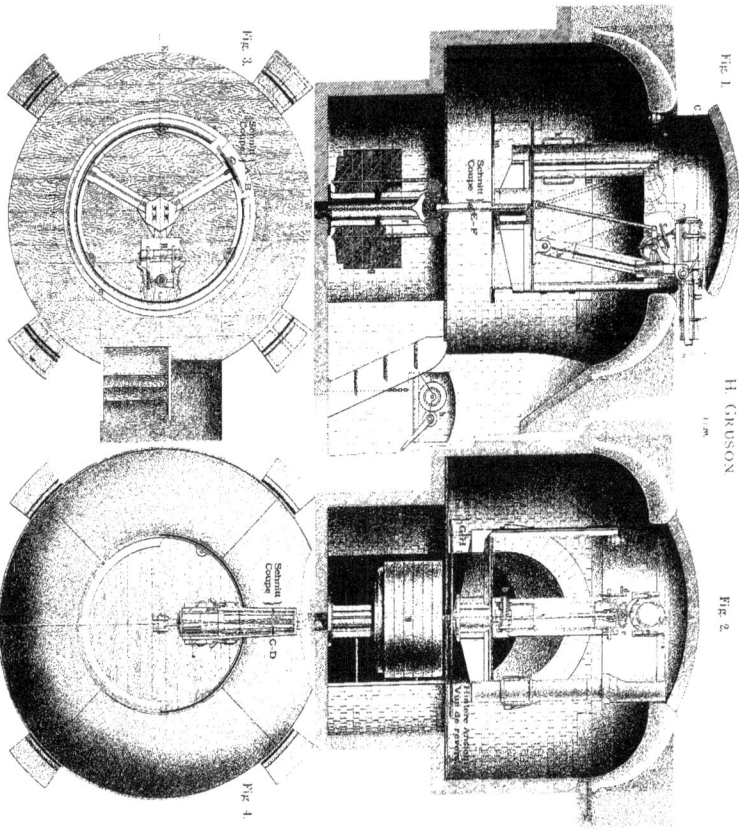

Fig. 1.

Fig. 2.

Fig. 3.

Fig. 4.

Schnitt | Coupe | E-F

Schnitt | Coupe | C-D

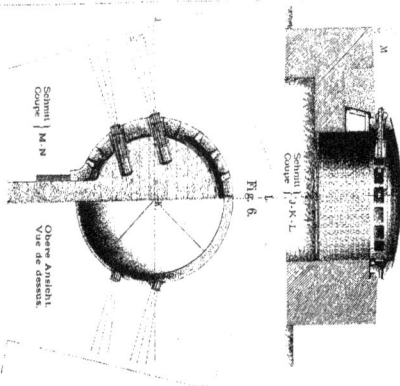

Fig. 5.

Fig. 6.

Schnitt | Coupe | M-N

Obere Ansicht.
Vue de dessus.

Schnitt | Coupe | J-K-L

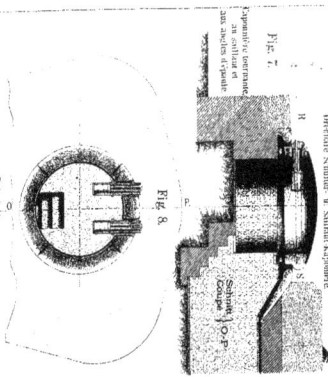

Fig. 7.

Fig. 8.

Drehbare Schüler u. Schiltut kaposante.

Schnitt | Coupe | R-S

Schnitt | Coupe | O-P

Constructions d'expériences de Tegel, en 1869.

Tegeler Versuchsbauten vom Jahre 1869.

Fig. 3.
Profil J-K.

Fig. 4.
Profil C-D.

Fig. 5.
Profil A-B.

Fig. 6.
Profil E-F.

Fig. 2.
Profil G-H.

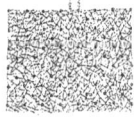

Fig. 7.

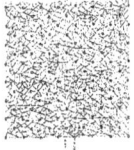

Fig. 9.

Fig. 11.

Fig. 13.

Fig. 12.

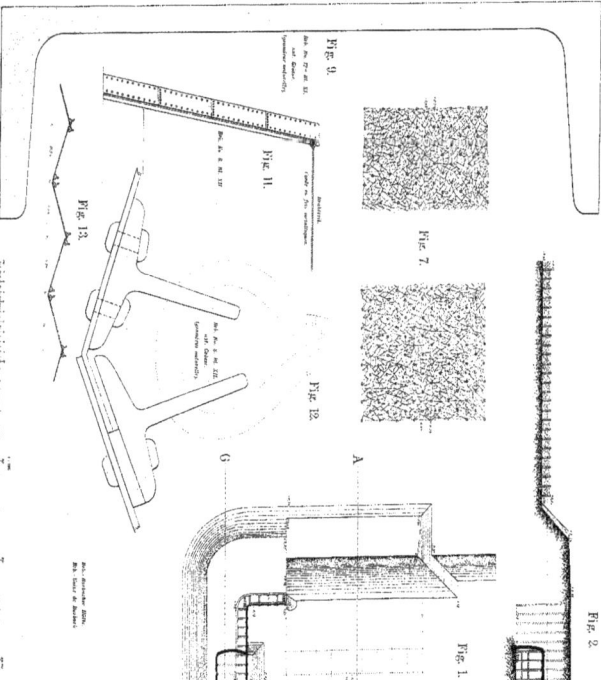

Fig. 1.

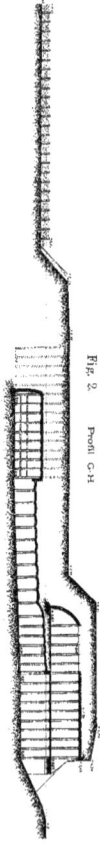

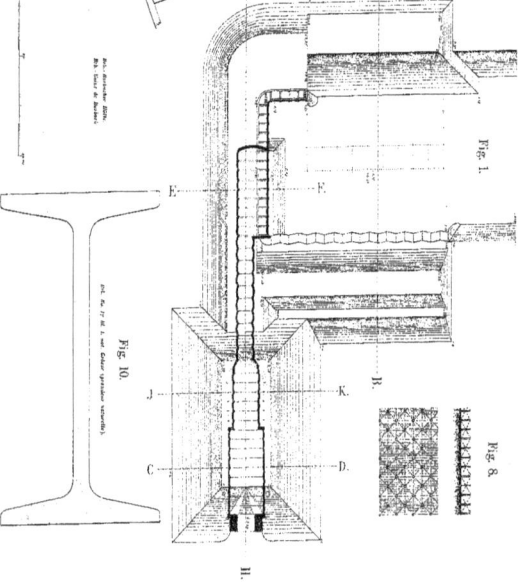

Fig. 8.

Fig. 10.

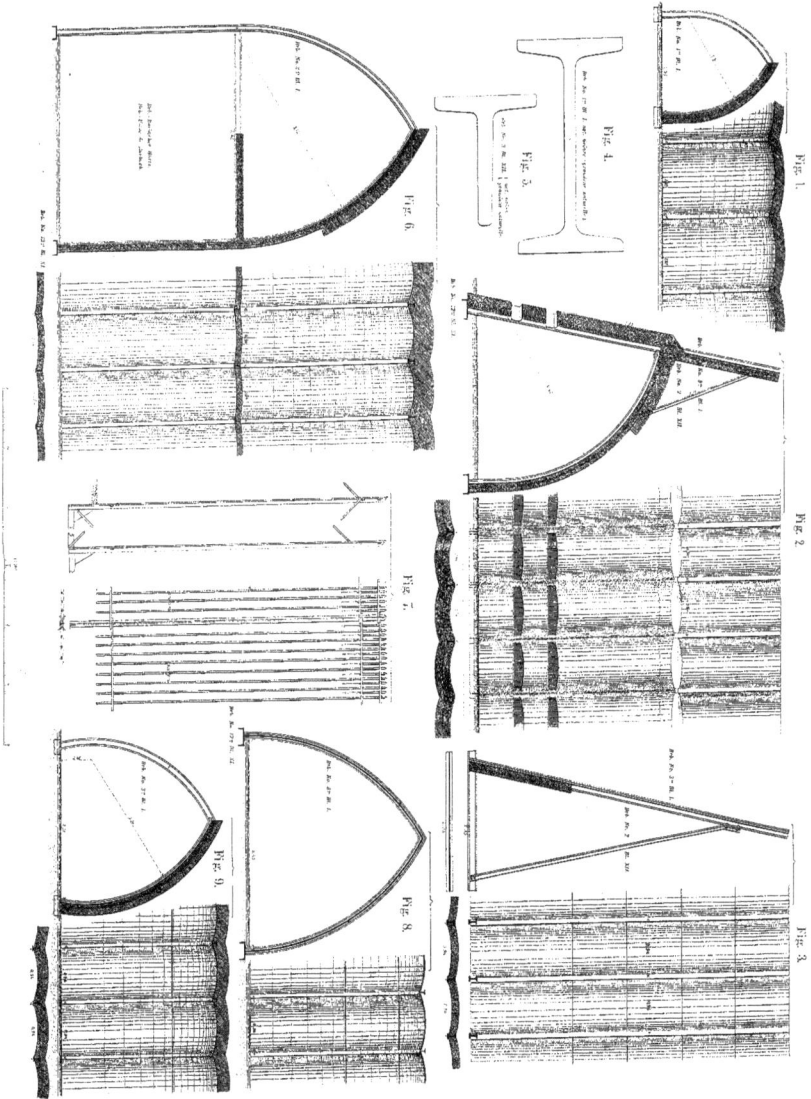

Constructions d'expériences de Tegel, en 1869.

Tegeler Versuchsbauten vom Jahre 1869.

Fig. 1.

Fig. 2.

Fig. 3.

Fig. 4.

Fig. 5.

Fig. 6.

Fig. 7.

Fig. 8.

Fig. 9.

Grabenrevêtement in Eisenconstruction.
Revêtement en fer des talus du fossé.

Fig. 3.
Profil E · F

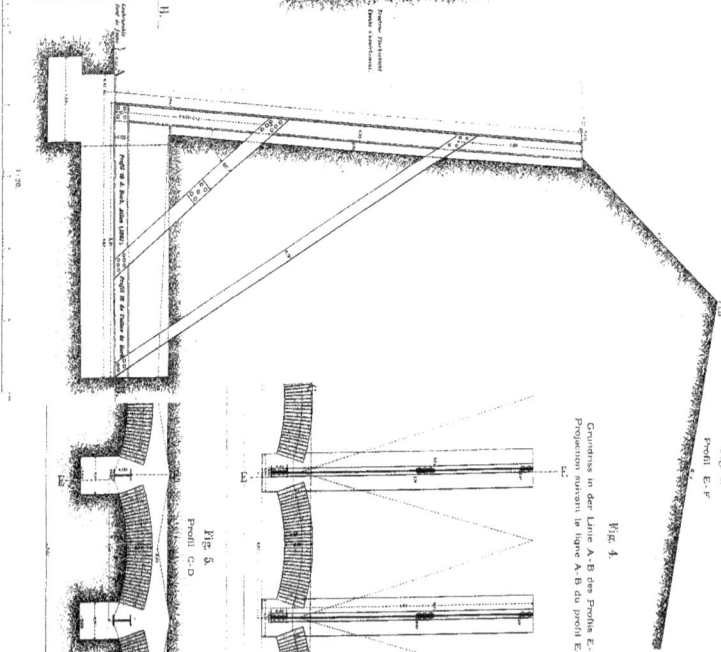

Fig. 4.
Grundriss in der Linie A · B des Profils E · F.
Projection suivant la ligne A · B du profil E · F.

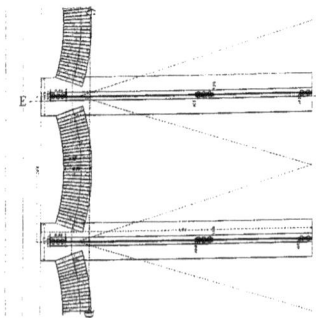

Fig. 5.
Profil C · D

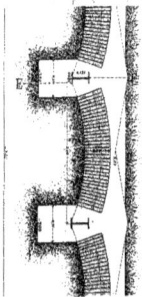

Kontreescarpe.
Contrescarpe.

Fig. 1.
Profil A · B

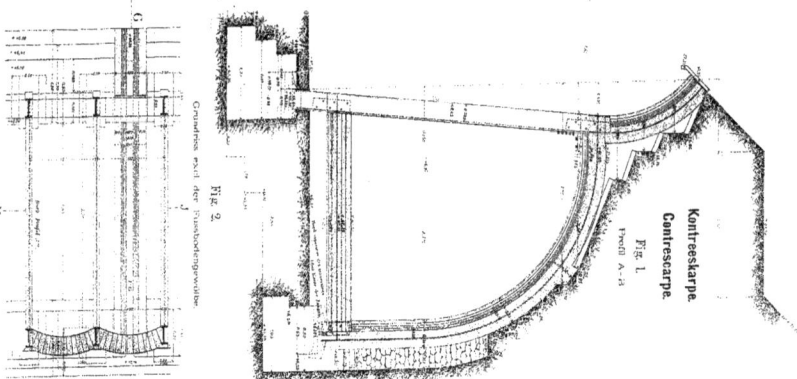

Fig. 2.
Grundriss nach der Fussbodengewölbe.

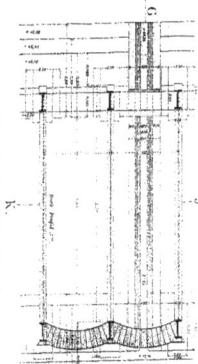

Plan sans les voûtes du plancher.

PLANCHE XIX.

Ouvrage demi-circulaire avec front de gorge et batteries annexes pour mortiers.

Halbkreisförmiges Werk mit Kehlfront und Anschlussbatterien für Mörser.

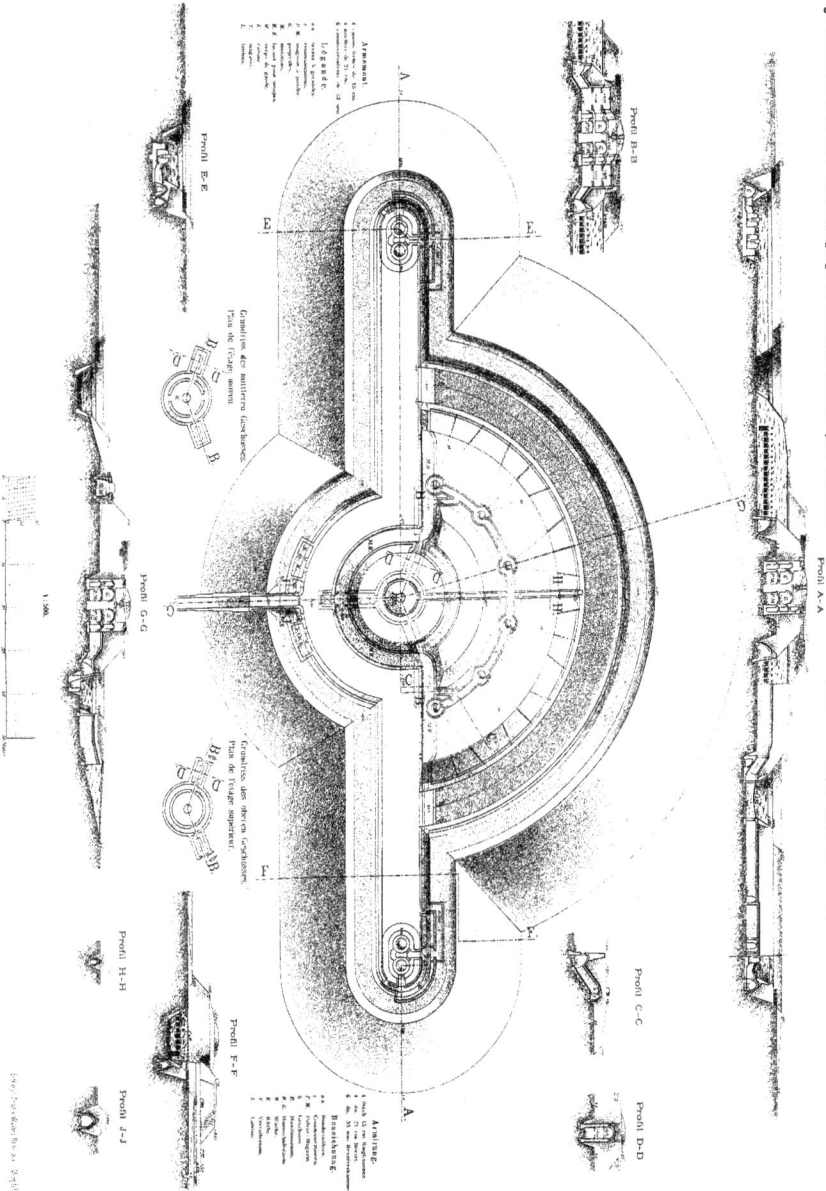

BLATT XIX.

Profil B-B

Profil A-A

Profil C-C

Profil D-D

Profil E-E

Profil G-G

Profil H-H

Profil F-F

Profil J-J

Grundriss des untern Geschosses.
Plan de l'étage inférieur.

Grundriss des obern Geschosses.
Plan de l'étage supérieur.

Armement:

Légende:

Armirung:

Bezeichnung:

1:500

Ouvrage circulaire avec batteries annexes pour obusiers.

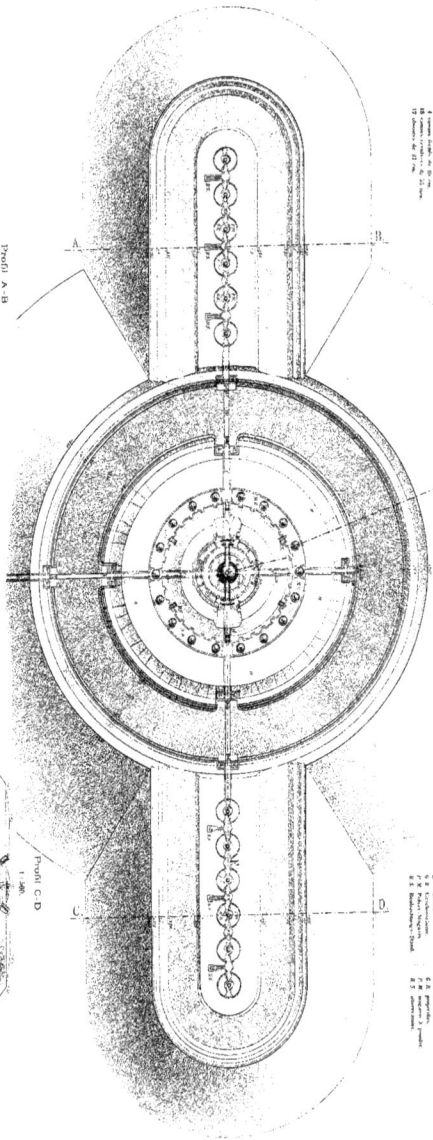

Profil A-B
1 : 500.

Profil E-F
1 : 500.

Profil C-D
1 : 500.

Kreisförmiges Werk mit Anschlussbatterien für Haubitzen.

PLANCHE XXI.

Groupe de batteries cuirassées avec banquette pour la mousqueterie.

BLATT XXI.

Batteriegruppe mit Verbindungslinie für Infanterie.

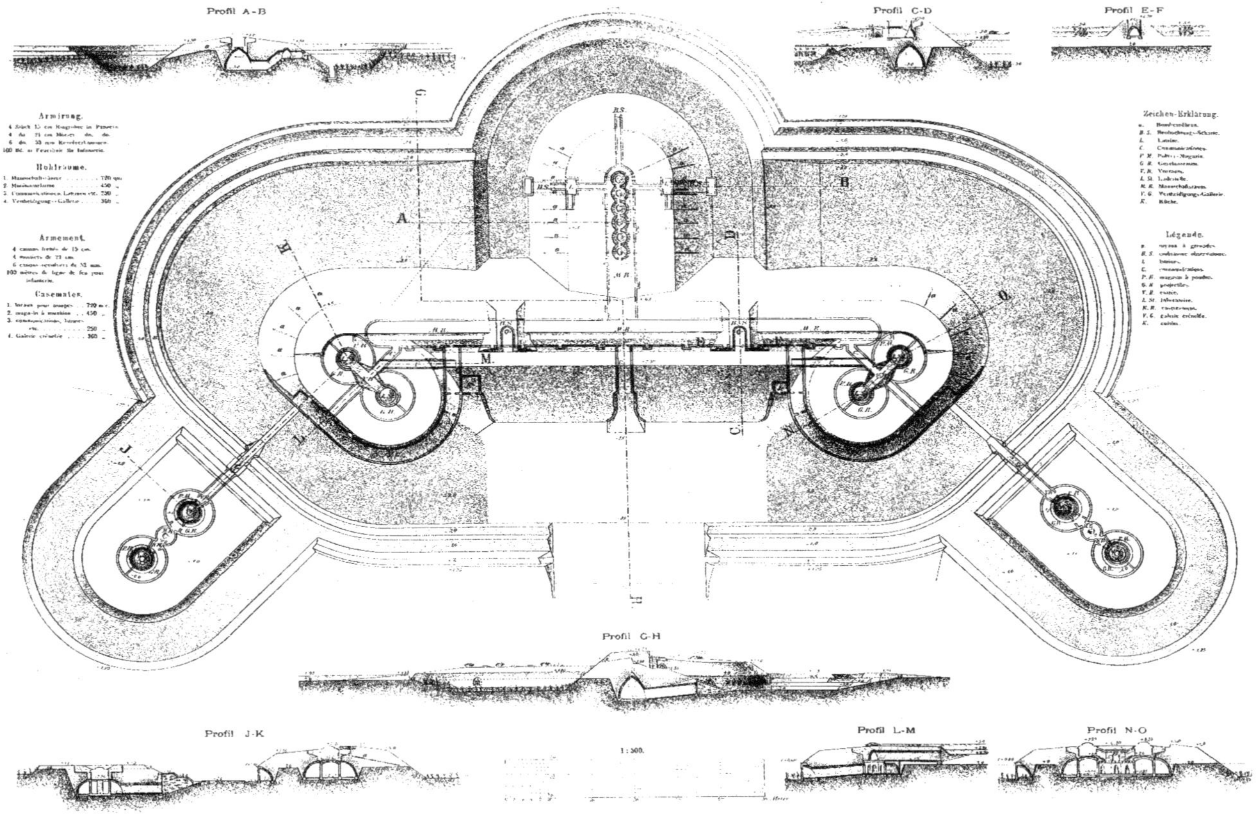

Profil A–B

Profil C–D

Profil E–F

Profil J–K

Profil G–H

Profil L–M

Profil N–O

1 : 300.

Fort isolé avec ouvrage central circulaire.

Isolirtes Fort mit kreisförmigem Centralwerk.

Profil A · B

1 : 1000.

Forts-Gruppe.
Groupe de forts.

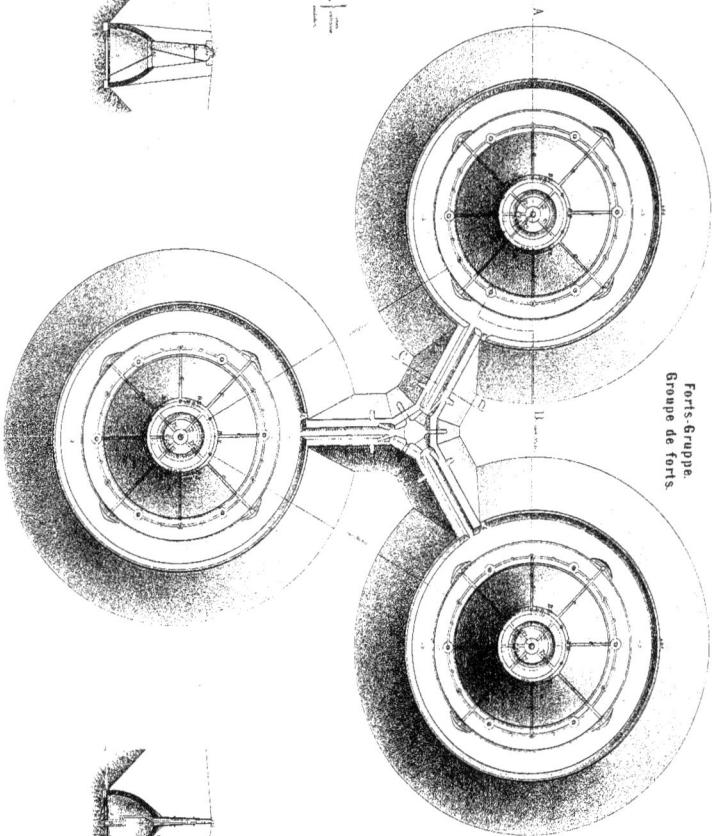

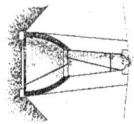

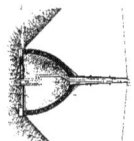

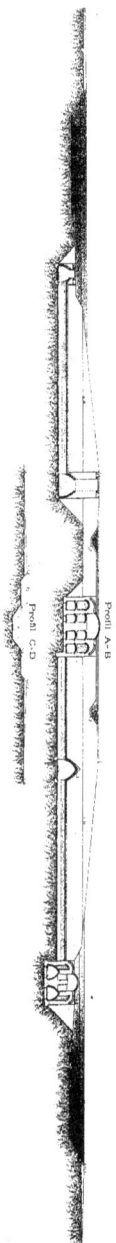

Profil A-B

Profil C-D

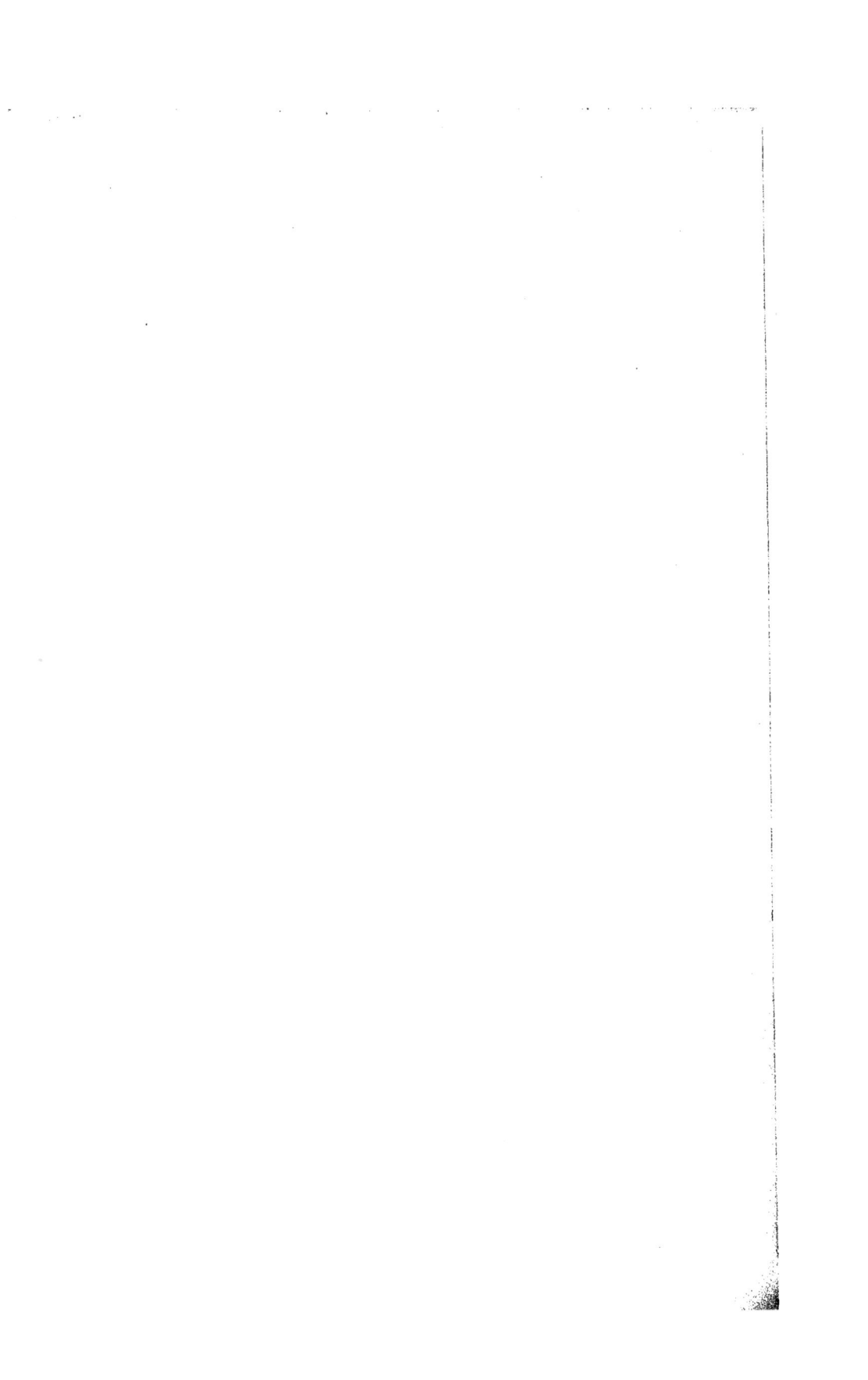

www.ingramcontent.com/pod-product-compliance
Lightning Source LLC
Chambersburg PA
CBHW030930220326
41521CB00039B/1743